建設現場でできる
危険体感教育

危険性を身近に感じとるために
実技教育訓練事例集

建設労務安全研究会 編

労働新聞社

はじめに

　建設業における労働災害は長期的には減少傾向にあるものの、未だに多くの尊い命が失われ、また死傷者数も年間1万人を超えている状況です。

　災害の内容をみると、依然として災害発生の多くは作業員の不安全な行動が原因の一つにあげられています。

　また、昨今の特徴的な現象の一つとして、現場内に潜む危険性・有害性を見抜く感覚が薄れ、「何が危険なのか」「どのようなことをすると危険であるのか」などが感じとれない行動災害が目立っています。

　このような状況において、作業員一人ひとりの危険に対する感受性を高めて、作業中に生じる危険を危険と感じて安全に配慮した行動をとることが、不安全行動から発生する労働災害の防止に必要不可欠です。

　危険性を身近に感じとるためには、「危険体感教育訓練」の実施が有効とされています。ただ、外部の施設を利用するとなると、作業員の移動にかかる時間や費用、日程調整などの問題があります。

　本書は、建設現場にある資材・機材や建設機械を用いて、容易に実施可能な危険体感教育訓練の事例を示しています。様々な災害型別や保護具の性能について、写真や図解により実施要領、教育効果を解説し、即取り組める内容になっています。

　建設現場に従事している作業員の皆様を対象に危険感受性の向上を目的とした教育訓練に、ご活用いただければ幸いです。

平成27年5月

　　　　　　　　　　　　　　　　　　　　建設労務安全研究会　理事長　　土屋　良直

　　　　　　　　　　　　　　　　　　　　教育委員会　委員長　　諏訪　嘉彦

　　　　　　　　　　　　　　　　　　　　危険体感教育部会　部会長　　鳴重　裕

目　次

墜　落　転　落

1	安全帯ぶら下がり体感（ベルト式・ハーネス型の違い）…………………………	4
2	安全帯の種類による衝撃の違い………………………………………………………	6
3	小幅ネットの実際の伸びや有効性……………………………………………………	8
4	親綱設置高さの体感……………………………………………………………………	10
5	平衡感覚の体感…………………………………………………………………………	12
6	スレート踏み抜き………………………………………………………………………	14
7	海中転落時の膨張式救命胴衣の作動…………………………………………………	16
8	脚立の安定性体感………………………………………………………………………	18
9	梯子の安定性体感………………………………………………………………………	20
10	ローリンダタワーの安定性体感………………………………………………………	22

はさまれ・巻き込まれ

11	建設機械等の死角………………………………………………………………………	24
12	係留ロープのはさまれ…………………………………………………………………	26
13	玉掛けワイヤ・H鋼等によるはさまれ衝撃…………………………………………	28

激　突　さ　れ

14	バックホウの旋回による人との接触…………………………………………………	30
15	バックホウのクレーンモード・通常モードの旋回速度の違い……………………	32
16	ワイヤロープ内角に入った際の跳ね飛ばされ………………………………………	34

（機械による）はさまれ・巻き込まれ

17	ユニック旋回方向による安定度変動の体感…………………………………………	36

飛　来　落　下

18	玉掛けワイヤの切断体感………………………………………………………………	38

火　　　災

19	引火の危険性および消火器での消火…………………………………………………	40

保護具の性能確認

20	安全靴の有効性能………………………………………………………………………	42
21	安全靴の踏み抜き、かかと部・先芯への衝撃体感…………………………………	44
22	保護帽の重要性の確認…………………………………………………………………	46

番号	1	名称	**安全帯ぶら下がり体感（ベルト式・ハーネス型の違い）**

【実施要領】

区分	墜落転落

- 体感実施ヤードをカラーコーンで明示する。
- 安全帯の点検方法、着用方法を説明し、体験者に実施させる。
- 安全帯を掛ける鉄棒の点検を行う。
- 体験者は安全帯を着用し、ぶら下がる。その時体が回転しないよう注意する。
- ベルトの着用位置によっては自分を支えられない場合があることを確認し、正しい装着を理解する。
- ベルト式、ハーネス型をそれぞれ着用し、体験する。

【実施上の留意事項・注意点】

- 使用する安全帯の点検を行う。
- ぶら下がり機器の点検を行う。
- 体験者は、十分な準備運動を行う。
- 腰部に急激な負担をかけないよう、ゆっくりと行う。
- 墜落時はぶら下がり以上の荷重が体にかかることを説明する。
- 使用する安全帯は、教育専用のものとする。

【使用資機材】

安全帯（ハーネス型、ベルト式）、カラーコーン、吊り下げ装置、保護マット、
脚立（可搬式作業台）

【期待できる効果】

- 安全帯の正しい使用方法や日々の点検の重要性を認識させる。
- ハーネス型とベルト式の体に対する負担の違いを体感させる。

【概略図・写真】

教育用設備設置状況

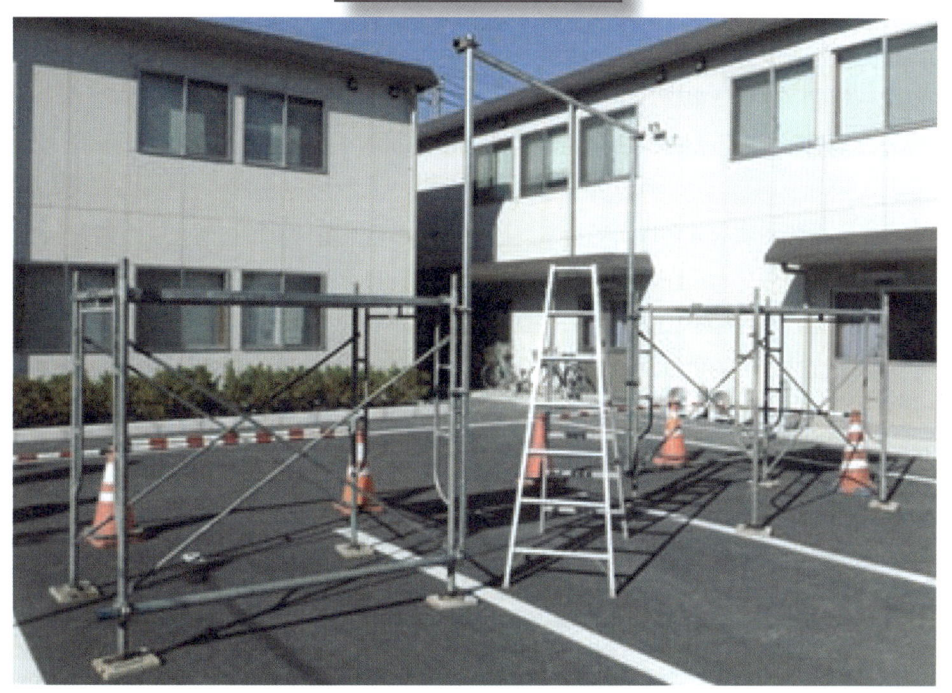

ベルト式安全帯ぶら下がり体感

ハーネス型安全帯ぶら下がり体感

番号	2	名称	安全帯の種類による衝撃の違い

【実施要領】	区分	墜落転落

(共通)
- 体感実施ヤードをカラーコーンで明示する。
- 安全帯の点検方法、着用方法を説明し、体験者に実施させる。
- 安全帯を掛ける親綱（または単管パイプ）の点検を行う。
- 体験台上部では重量物を扱うため、2名で作業を行う。

(ケース1)
- 体験者は安全ネットの四隅を4名以上で持ち、砂土のうの落下時は地面に着くよう離隔（ネット高さは地面から30cm程度）をとる。
- 体験台上部の人は落とす合図を行い、人に見立てた砂土のう（25kg程度）を安全帯なしで墜落させ、下部の体験者に安全ネットで受け止めさせ衝撃を体感させる。
- 衝撃を視覚と聴覚で体感して、墜落の危険性を理解させる。

(ケース2)
- 人に見立てた85kgの砂土のうに安全帯を着用する。
- 安全帯のランヤードの長さまで砂土のうを持ち上げ、落下させる（1本吊り、ショックアブソーバの有無）。また、安全帯のフックは腰高より低い位置と高い位置の2タイプで墜落させ、高さによる衝撃を体感させる。
- ハーネス型は85kgのトルソー（マネキン）を利用し、安全帯のランヤードの長さまで持ち上げ、落下させる。
- それぞれの衝撃を視覚と聴覚で体感して、墜落の危険性を理解させる。

【実施上の留意事項・注意点】

- 使用する安全帯の点検を行う。
- ぶら下がり機器の点検を行う。
- 体験者は十分な準備運動を行う。
- 高さ2mを超える場合は墜落・落下防止措置をする。
- 使用用途にあった安全帯をする。
- 教育に使用する安全帯は、教育専用のものを使用する。

【使用資機材】

安全帯（ハーネス型、ベルト式等でショックアブソーバの有るものと無いもの）、カラーコーン、吊り下げ装置（枠組み足場、ローリングタワーなど）、安全ネット、砂土のう（またはセメント25kg程度）、トルソー、昇降設備（脚立、可搬式作業台）

【期待できる効果】

- 安全帯の正しい使用方法や日々の点検の重要性を認識させる。
- ハーネス型とベルト式の体に対する負担を体感させる。

【概略図・写真】

安全帯の種類と規格

種　　類		規　　格	
一般高所作業用安全帯（建設型）	一般高所作業用安全帯（建設型）	胴ベルト型安全帯	1本吊り専用
	ストラップ巻取り式		
柱上安全帯	U字吊り専用	胴ベルト型安全帯	U字吊り専用
	1本吊り・U字吊り兼用（補助フック付もあり）		1本吊り・U字吊り兼用
フルハーネス型安全帯		ハーネス型安全帯	1本吊り専用
窓拭き用安全帯		胴ベルト型安全帯	垂直面用
法面用安全帯			傾斜面用

安全帯の試験方法

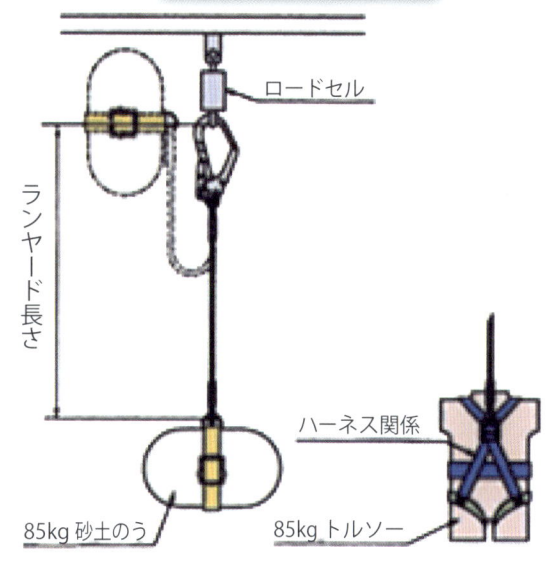

- 衝撃荷重：8.0kN 以下
- ショックアブソーバの伸び：650mm 以下

〔ケース1〕

足場の高さはランヤード長さ +1.0 m 以上に

※ネットを支える者は4名以上とし、ネットは地面より30cm程度浮かすこと

〔ケース2〕

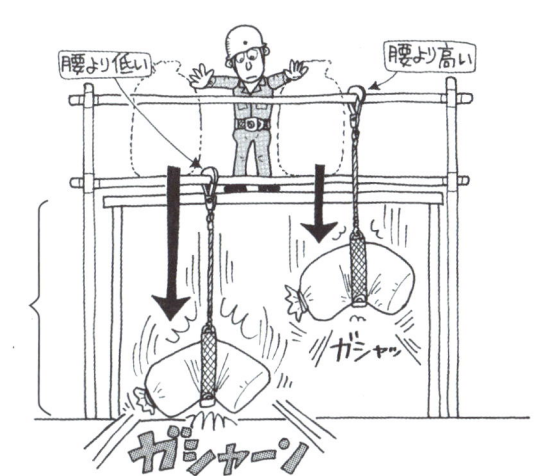

足場の高さはランヤード長さ +1.0 m 以上に

| 番号 | 3 | 名称 | 小幅ネットの実際の伸びや有効性 |

【実施要領】　区分　墜落転落

① 足場にネットブラケットを取り付け後、小幅ネットを設置し、上部より模擬体を落下させる。
② 模擬体を落下させ、小幅ネットの伸び代や衝撃を確認する。

【模擬体の作成と玉掛け方法（使用例）】

❶ フレキシブルコンテナバッグ（以下「フレコン※」という）300kgタイプを用意し、米袋に砂（比重約1.7強）を入れたものを中に入れ、総重量を90kg前後として模擬体を作成する（砂約0.05 m^3）。
❷ ベビーホイストもしくはウインチを上部へ取り付け、コラムロックを取り付ける。
❸ フレコンをコラムロックに玉掛けし、ウインチにてネット上１m程度まで模擬体を揚重し、コラムロック操作にて玉掛けを外し模擬体を落下させる。

※フレコンとは、通称トンパックのこと

【実施上の留意事項・注意点】

① 枠組みは１段として約1.9 m程度のところに小幅ネットを張る。
② 上部から模擬体を落とす時の下端とネットの空きは1.0 m程度で設定する。
③ 落下後周囲に模擬体の飛散のおそれがあるので、十分離れてコラムロックを操作する。
※落下後ネットやブラケットが壊れる場合があるため物損費用がかかる。

【使用資機材】

① 小幅ネット１枚（0.5 m×6 m）
② ネットブラケット４個
③ 足場材１段×３スパン（一式）
④ 単管（親綱張り用）
⑤ 砂 0.05 m^3（模擬体）
⑥ コラムロック（フレコン吊り用具）
⑦ ブラケット・親綱（親綱張り用）
⑧ 立ち馬1.8タイプ（昇降用）
⑨ 米袋とフレコン（模擬体用）
⑩ ウインチ等（模擬体の揚重用）

【期待できる効果】

① 落下したネットの伸び代を視覚的に体験できる。
② 小幅ネットを適切に設置することの重要性を認識できる。

【参考データ】
・許容落下高 $H_1 \leqq 0.25 \times (L + 2A)$　　L：単体ネットの辺長または短辺長（m）
　A：安全ネットの支持間隔（m）ただしA≦Lの範囲ではA＝L

【概略図・写真】

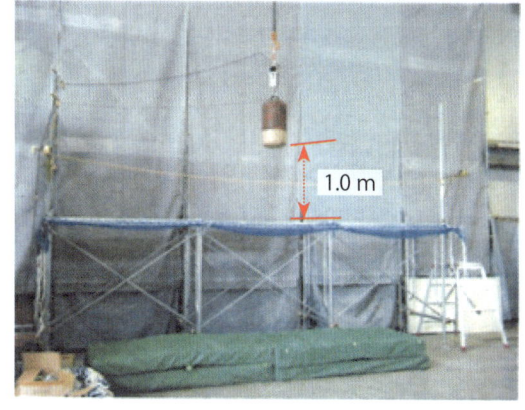

模擬試験落下前状況

模擬体を吊る用具

コラムロック

模擬試験落下後ネット状況

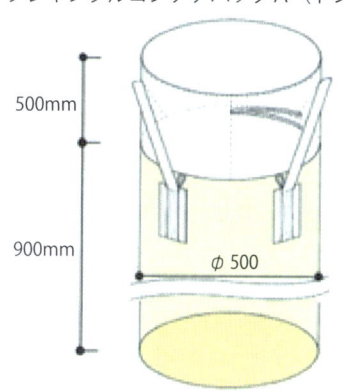

砂を入れる袋

フレキシブルコンテナバッグA（トンパック）

模擬試験落下後ネット状況

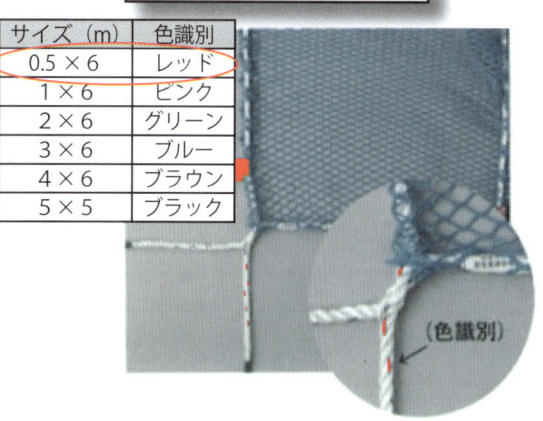

使用のネットとサイズ

サイズ（m）	色識別
0.5×6	レッド
1×6	ピンク
2×6	グリーン
3×6	ブルー
4×6	ブラウン
5×5	ブラック

9

番号	4	名 称	親綱設置高さの体感

【実施要領】	区 分	墜落転落

- 体感実施ヤードをカラーコーンで明示する。
- 枠組足場をスパン10m、4mでコの字型に組み立てる。
- 枠組足場のそれぞれのスパンの横方向に単管パイプを取り付け、緊張器を用い親綱を設置する。
- 親綱4mスパンの中央部に可搬式作業台を設置する。
- 測定者は親綱のスパンの中央部で地上から親綱までの高さを測定し、記録する。
- 体感者は可搬式作業台に昇り、親綱中央を手で持って可搬式作業台をゆっくり昇降する。地上に足が着かない場合はぶら下がる。
- 体感者がぶら下がった状態（あるいは親綱が最も下がった状態）で、再度測定者は地上から親綱までの高さを測定し、記録する。
- ぶら下がる前後の親綱のたわみ量を測定値の差から求める。
- 安全帯のランヤードの長さをたわみ量に加える。
- ランヤードの長さ＋たわみ量以上が墜落時に必要とする高さとなることを認識する。
- 同様に10mスパンでも実施するが、計算上親綱が地上に着いてしまうことから、体感者は、親綱を持って可搬式作業台をゆっくり昇降する。

【実施上の留意事項・注意点】

- 体感実施ヤードは極力水平な場所を選定する。
- 足場は2～3層組み立てる（コーナー部を筋交で補強する）。
- 親綱の設置高さは4.0m程度とする。
- 親綱にぶら下がるのは1スパン当たり必ず1人とする。
- 親綱は径16mmを使用する。
- 親綱は緊張器を用い、たるまない程度に張る。
- 体感教育訓練実施前に必ず設備の安全を確認し、必要な場合は補強を行う。

【使用資機材】

枠組足場材料1式、可搬式作業台（H＝1.8m）1台、
親綱（有効長10.0m、4.0mフック付）2本、単管パイプ（L＝2.0m）4本、親綱緊張器2台、カラーコーン、コーンバー
鳶工3名、測定者2名、スケール

【期待できる効果】

- 安全帯が有効に作用する親綱の高さが実感できる。
- 親綱の緊張度合を体感できる。

【概略図・写真】

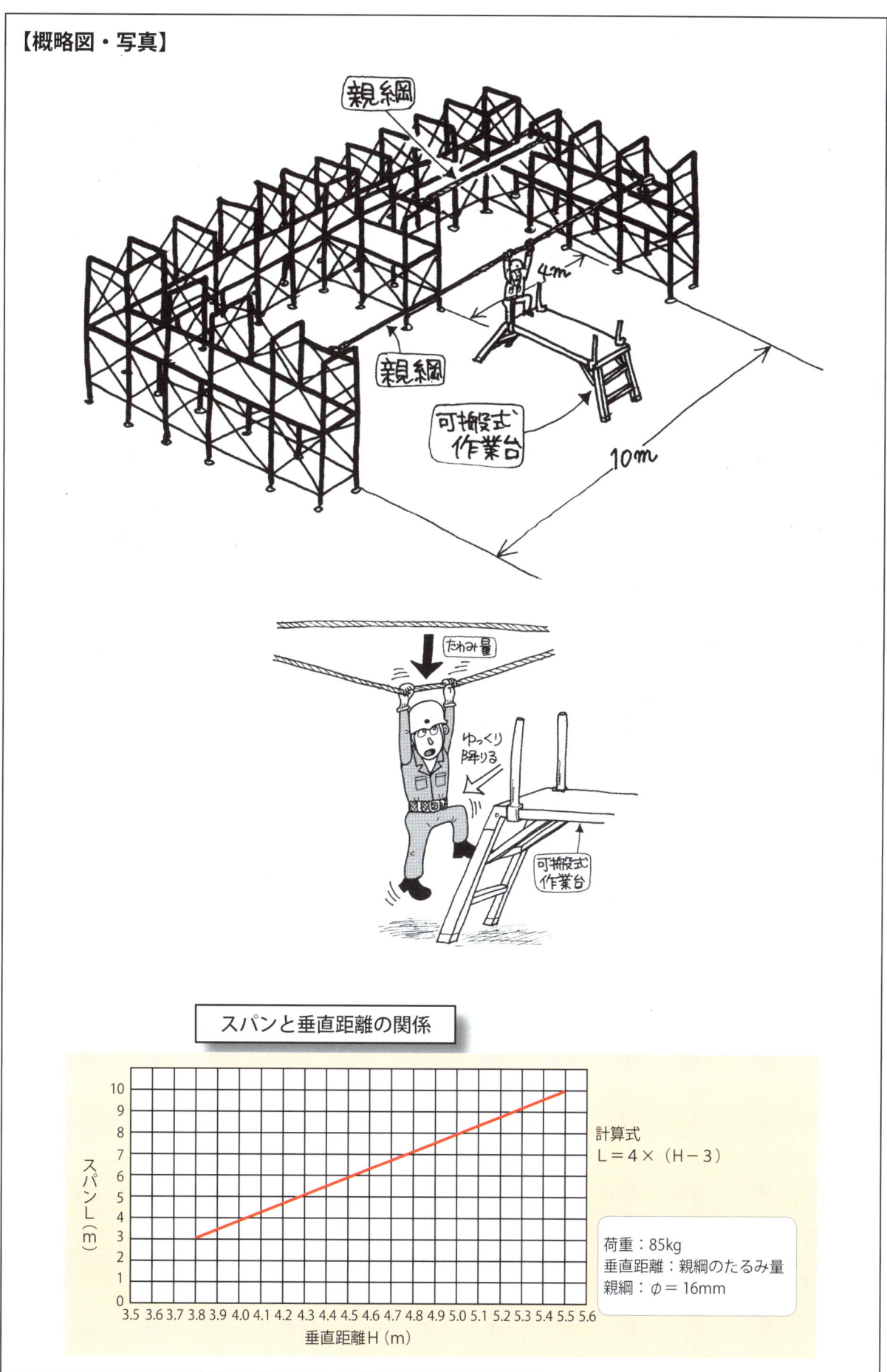

| 番号 | 5 | 名 称 | 平衡感覚の体感 |

| 【実施要領】 | 区 分 | 墜落転落 |

- 体感実施ヤードをカラーコーンで明示する。
- 地上に長さ4.0mの端太角（□10cm）を置く（端太角が転がらないよう桟木で補強）。
- 体感者は閉眼片足立ちを行い、秒数を計測する。
- 体感者は右ページの各年代の基準値を参照して自らの優劣を自覚する。
- 体感者は端太角の上をバランスをとりながらゆっくり歩く。

【実施上の留意事項・注意点】

- 体感実施ヤードは極力水平な場所を選定する。
- 端太角は転がらないよう桟木を打ち付ける。
- 足をくじかないよう体を十分ほぐしてから実施する。
- 閉眼片足立ち実施前はゆっくりした呼吸を心掛け、自分の軸足を知っておく。
  ❶ 両手を腰に当てる。
  ❷ 片足を上げる。
  ❸ 開始の合図と同時に両目を閉じる。
  ❹ 足が地に着くか、手が腰から離れるまでの時間を計測する。
- 端太角を最後まで渡りきれなかった場合、3回まで挑戦させる（挑戦回数は任意）。

【使用資機材】

端太角（□10cm）1本、桟木（L＝30cm）4本、釘、
カラーコーン、コーンバー

【期待できる効果】

- その日の体調が体感できる。
- 作業配置計画の参考になる。

【概略図・写真】

片足立ちバランス感覚

閉眼片足立ち基準値

年　齢	時　間
20代	70秒
30代	55秒
40代	40秒
50代	30秒
60代	20秒
70代〜	10秒

※作業場内では、
　ヘルメットを
　着用すること

端太角上歩行によるバランス感覚

番号	6	名称	スレート踏み抜き

【実施要領】 　　区　分　　墜落転落

【解体工事で、屋根・外壁にスレートが使用されている建物で実施】
① 既存、スレート葺き外壁スレート板を数枚取り外す。
② 平坦な地面に端太角を2本置き、その上に取り外したスレート板を置く（端太角が無い場合は、桟木等の低い材料でもOK）。
③ 身体がぶれないようビティ枠・安全帯体感棒等につかまりながら足を置く。
④ 飛び乗って体重以上の負荷をかけないで、自然に体重をスレートにかける（とりあえず、片足で体重をかけてみる）。
⑤ 荷量がどの程度でスレートが破断するかの状況を確認する。

【実施上の留意事項・注意点】

① 一気に体重をかけて、足首・かかとに負担がかからないようにする（足首・かかとが骨折しないよう、ゆっくりとした動作で行う）。
② 破断したスレートが飛散しないよう集積・処分する。
③ 既存建物のスレートを取り外す際、ボルト撤去から行い、丁寧に外す。
④ 安全帯を上部単管に掛けておけば、倒れたときの身体防護になる。
※アスベスト含有の有無の事前調査が必要。
■災害事例を説明してから実施すると、効果がUPする！
■破砕したスレート残材は、集積して適正処理する！

【使用資機材】

① 経年劣化したスレート材（解体建物の外壁材を使用）
② ブルーシート（破断スレート飛散防止・集積用）
③ 端太角2本
④ 安全靴
⑤ 安全帯訓練台（単管で組立て、H＝2.2m、下部幅1.3m程度）

【期待できる効果】

① スレート屋根の解体・撤去等の作業での踏み抜きによる墜落災害防止！
② どの程度の荷重で、スレートが破断するか実感できる。

【概略図・写真】

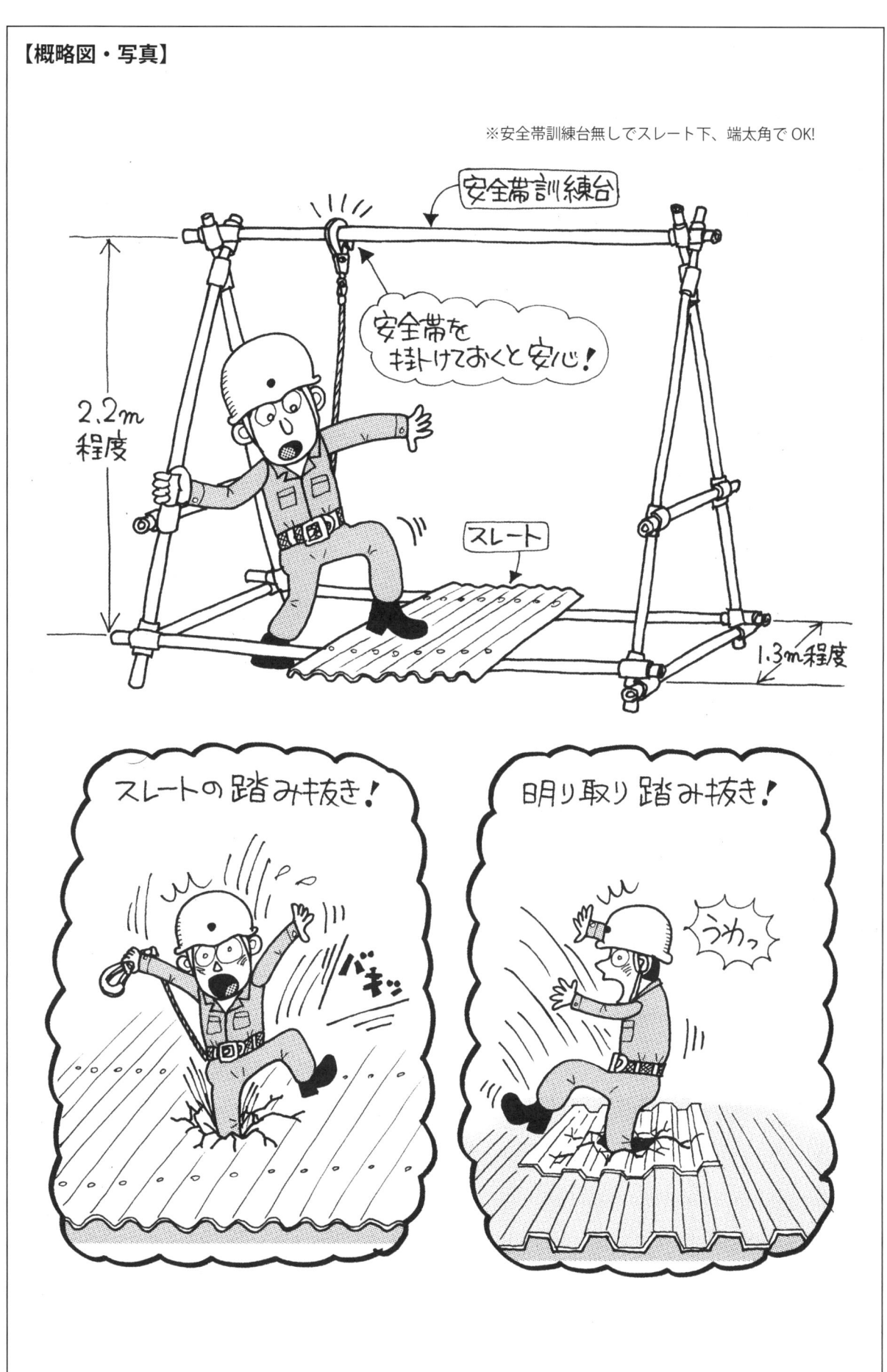

番号	7	名称	海中転落時の膨張式救命胴衣の作動

【実施要領】	区分	墜落転落

- 陸上の体感実施ヤードをカラーコーンで明示する。
- 海上の体感実施ヤードをブイで明示する。
- 警戒船を配置し周辺船舶の動向を監視する。
- 膨張式ライフジャケットの点検整備を行う。
- 岸壁にラダータラップを設置する。※作業船上で実施する場合は、別途設備を計画
- 通常作業時の服装（ヘルメット・ライフジャケット・安全靴）で岸壁から落水する。
- 落水者は仰向けに浮かび、笛を吹いて救助を求める。
- 救助者は「落ち着けー！今助けるぞ」と声をかけ、救命浮環を落水者のやや向こうへ投げる。
- 落水者はロープをたぐり寄せ、救命浮環を胸に抱えて救助を待つ。
- 救助者はゆっくりロープを引き、ラダータラップへ誘導する。
- 落水者はタラップを上り体感終了。

【実施上の留意事項・注意点】

- 事前に海水温を測定し、15℃以上あることを確認する。
- 警戒船には緊急救助要員として潜水士2名を乗船させる。
- 救命浮環には浮揚性ロープを結び、届かない時のため予備も準備する。
- ライフジャケットは正しく着用し、ベルトを締め体にフィットさせる。
- 長靴は脱げやすいので編上げ靴やスニーカーを履かせる。
- 飛び込む高さは1.5m程度とし、頭からは飛び込ませない。
- 上陸後は速やかに着替えさせる。
※教育実施に当たっては、所轄の海上保安部（署）に行事届の提出の有無を確認すること

【使用資機材】

警戒線、潜水士2名、ラダータラップ、膨張式救命胴衣、救命浮環2個、浮揚性ロープ30m2本、
着替える場所（ワンボックス等）、着替え、替え靴、タオル、
カラーコーン、コーンバー、ブイ

【期待できる効果】

- 着衣落水でライフジャケットの浮力を実感できる。
- 救助者は救命浮環の飛び具合や引寄せる力を実感できる。

【概略図・写真】

膨張式救命胴衣の投入による救助

●垂直や斜めなど違った体勢でためす

●潮の流れや風に逆らわず引く（岸壁より）

●ジャケットを正しく着用しないとずれて危険

●リラックスして浮力を体感

救命浮環の投入による救助

●交通船から救命浮環での救助

●交通船へ落水者を引上げ救助

番号	8	名 称	脚立の安定性体感

【実施要領】	区 分	墜落転落

① 脚立（3尺・4尺・6尺）を立てて安定性を確認する。
　　留め金を固定しないで、押し棒で横から押し、倒れ具合を見る。
　　段差部に脚立を立てて、押し棒で横から押し、倒れ具合を見る。
　　スリーブ等の開口部に、脚部を1カ所入れて、押し棒で横から押し、倒れ具合を見る。
② 6尺脚立を壁際に立てて、壁を手で押し、どの程度の反動で倒れ掛かるか確認する。
　　6尺脚立を壁に立て掛けて、片足を掛けた状態で脚立が振れる状態を見る。
③ 脚立に上り、身を乗り出す状態で、転倒防止の限界を確認する（他の2名で支える）。
　　3尺脚立の天板に乗り、不安定な状態を確認する（他の2名で支える）。
　　4尺脚立の2段目に乗り、留め金をしない状態での危険度を確認する（他の2名で支える）。
※脚立足場の板を固定しないで、滑りを確認する。
※脚立足場を2点支持にし、天秤状態で足場板が浮き上がる状態を見る。

【実施上の留意事項・注意点】

① 脚立に上った際、転倒しないよう周囲の作業員が支えるようにする。
② 安全帯訓練台を使って安全帯を掛け、また、両手で棒をつかんでおく。
③ 極力、脚立に上らないで倒れ具合を確認する。
④ 脚立が倒れた時に、身体に激突されないよう離れておく。
■災害事例を説明してから実践すると、効果がUPする！
■基本的に脚立に上らないで、脚立の倒れ具合を体感・確認する！
■脚立に上る際は、転落・転倒防止策を先行して行う！

【使用資機材】

① 脚立3尺・4尺・6尺
② 桟木等（横から押して倒れ具合を見る）
③ 安全帯訓練台（単管）（安全帯を掛け、両手でつかまっておく）
④ 2丁掛け安全帯、ハーネス型安全帯

【期待できる効果】

① 脚立の倒れ具合を実感できる。
② 段差部・留め金不具合等での倒れやすさを確認できる。

【概略図・写真】

脚立を立てて不安定性を確認

※脚立上の作業員は災害事例として記載

安全帯訓練台
安全帯
桟木等

６尺脚立を壁に立て足を掛ける

脚立に上ってみる

| 番号 | 9 | 名 称 | 梯子の安定性体感 |

【実施要領】　　　　区 分　　墜落転落

① 梯子を実際に使用する場所に設置して、安定性・滑り具合を確認する。
② 梯子を軟弱地盤の上に設置して、安定性・滑り具合を確認する。
③ 梯子を鉄板の上に設置して、安定性・滑り具合を確認する。
　　（濡れた鉄板上でも、置いて確認してみる）
　　梯子をコンパネの上に設置して、安定性・滑り具合を確認する。
　　（濡れたコンパネ上でも、置いて確認してみる）
④ 梯子を垂直に近い状態に設置して、安定性・滑り具合を確認する（設置角度確認）。
⑤ 梯子を斜めに設置して、安定性・滑り具合を確認する（もしくは斜面に設置）。
　　（斜め設置時の不安定な状態確認）
※梯子上部を 60cm 以上突き出して固定し、昇降してみる（安全帯使用）。
※スライドさせて、ラッチを掛けてみる。

【実施上の留意事項・注意点】

① 梯子に上っての不安定さ確認は、墜落災害に繋がるので実施しない。
② 梯子１段目に片足を掛けての確認はできる。
③ 梯子が滑った場合、激突しないよう離隔をとる。
④ 梯子が転倒しないよう、上部に緩ませたロープを掛けておく。
⑤ 梯子を昇降する場合は、必ず安全ブロックを使用する。
⑥ 傾けたり、垂直にする場合は、必ず２名以上で持って介助する。
■災害事例を説明してから実施すると、効果が UP する！
■基本的に梯子に乗らないで、梯子の倒れ方、状況を確認する！

【使用資機材】

① アルミ梯子（スライド式）
② コンパネ・鉄板
③ 梯子転倒防止用ロープ
④ 水バケツ（散水用）
⑤ 安全ブロック・ロリップ

【期待できる効果】

① 梯子が滑る・転倒する状況および危険性を確認できる。
② 鉄板上・コンパネ上、床面が濡れている場合の滑りやすさを確認できる。

【概略図・写真】

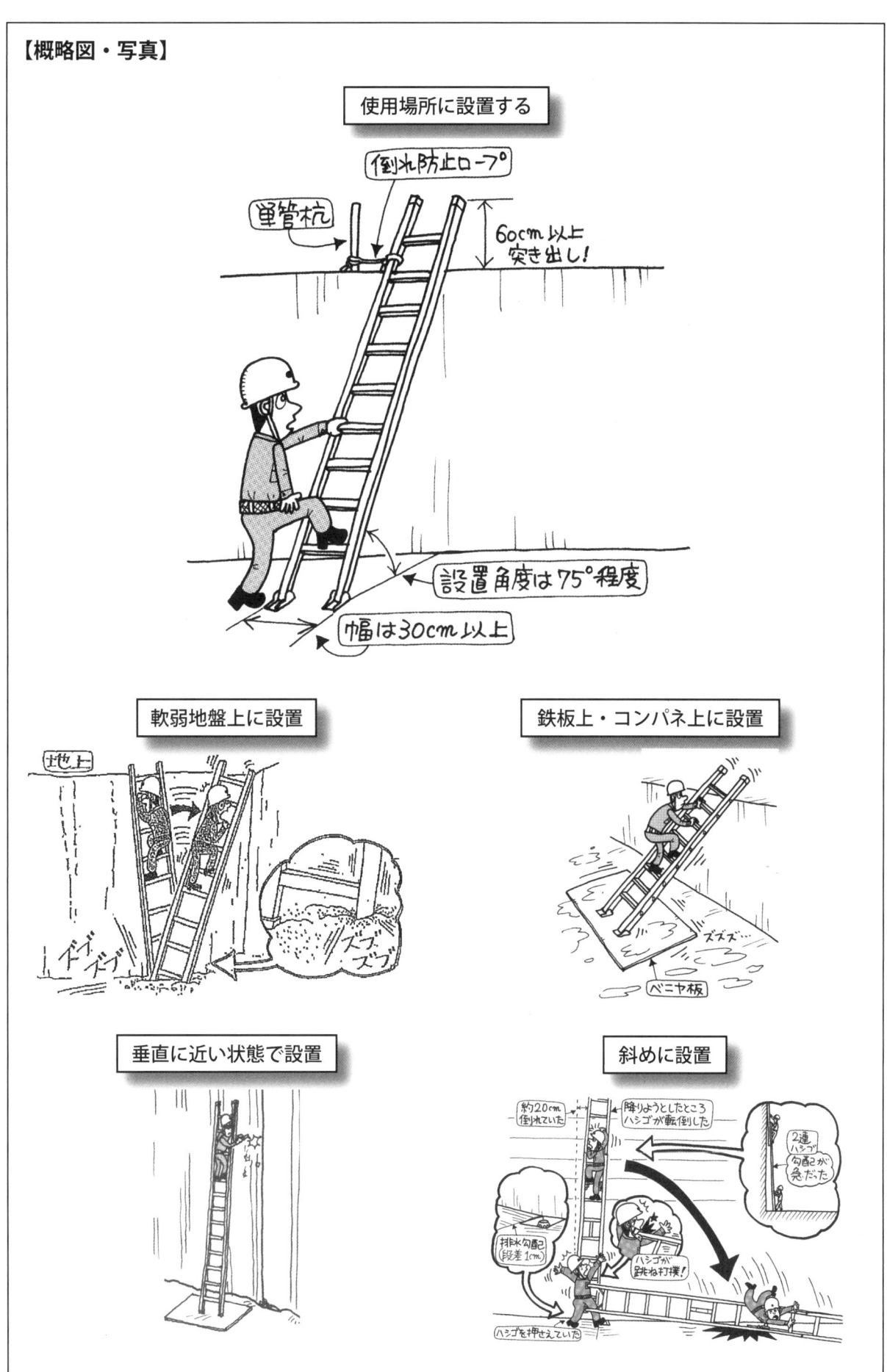

| 番号 | 10 | 名 称 | ローリンダタワーの安定性体感 |

【実施要領】

区 分　墜落転落

※ローリングタワー・ビティ2段段組立（①アウトリガー無し、②アウトリガー有り）

① ローリングタワーを、アウトリガー未張出しで移動させてみる。
　　ローリングタワーを、アウトリガー未張出しで、段差部を移動させてみる。
　　ローリングタワーを、アウトリガー未張出しで、揺すって振動させてみる。
　　床の障害物に接触させて、横転しそうな状況を確認する。
② ローリングタワーアウトリガー有りで、各部位の固定状況を確認する。
　　ローリングタワーをアウトリガー全張出しで昇降してみる（安全帯使用）。
　　アウトリガー張出しで、段差移動の状態を確認する。
　　材料・資材を持って片足を掛け、もう一方の足を浮かしてバランスを確認する。

【実施上の留意事項・注意点】

① ローリングタワーを移動させる・揺する・傾ける時は、人の乗降を禁止する。
② ローリングタワーが横転しても、災害発生のないよう離隔をとって状況を見る。
③ 昇降する際は、安全ブロックを使用する。
④ ローリングタワーに使用する部材に、損傷が無いか点検を行う。
⑤ ローリングタワー組立中、墜落の無いよう、落ち着いて作業する。
■災害事例を説明してから実施すると、効果がUPする！
■ローリングタワーに乗らないで、ローリングタワーの危険な使用方法を確認する！

【使用資機材】

① ローリングタワー（ビティ2段＋手すり）アウトリガー装着有り/無し
② 安全ブロック
③ 安全帯

【期待できる効果】

① ローリングタワーの横転しそうな状態が確認できる。
② ローリングタワーの取付け必要部材・昇降方法等、実地訓練ができる。

【概略図・写真】

アウトリガー無しで移動・振動

アウトリガー無しで段差移動

アウトリガー無しで障害物接触

アウトリガー全張出しで、整備点検

アウトリガー張出しで昇降

アウトリガー張出しで段差移動

番号	11	名 称	建設機械等の死角

【実施要領】	区 分	はさまれ・巻き込まれ

① 作業所長は体感教育の内容と手順の周知会を開催する。
② 関係者全員でＫＹ活動を行う。
③ オペレータは作業開始前の重機の点検を行う。
④ オペレータは重機周囲に支障物がないことを確認する。
⑤ 作業所長は教育の場所への関係者以外の立入禁止措置を行う。
⑥ オペレータは重機を所定の場所に設置し、エンジンを停止する。
⑦ 運転席のオペレータと体感者を交替させ、席からの（運転中の）死角を確認させる。
⑧ 作業所職員は死角範囲をコーンバーや石灰を用いて作業場所地盤面に明示する。
⑨ 体感者は、運転席を離れ、地盤面の死角範囲を確認する。
⑩ 体感者の順番に応じて、⑦～⑨の体感手順を繰り返す。
⑪ 作業所長は関係者を集め、体感教育の感想会を開催し、教育効果を確認する。

【実施上の留意事項・注意点】

① 各職員、作業員の役割分担を決める。また、体感者の順番を決める。
② 重機と作業員の接触事故に注意する。
- 重機旋回半径内立入禁止区域を設定する。
- 体感実施中は、重機のエンジンを停止し操作キーを抜いておく。
③ 運転席への昇降時の転落事故に注意する。
- 昇降には梯子や立ち馬等を用いる。
- 足元に注意しながら昇降をする。
④ 教育記録（出席者名簿、写真など）をとる。

【使用資機材】

バックホウ、ロードローラー、
石灰、ライン引き、カラーコーン、コーンバー、
巻尺等スケール

【期待できる効果】

- 実際に範囲を書くことで、視覚的に距離感が体感できる。
- 死角が広範囲であることが認識できる。
- 機種による死角範囲の違いが体感できる。

【概略図・写真】

バックホウの死角範囲を認識

ロードローラーの死角範囲を認識

番号	12	名　称	係留ロープのはさまれ

【実施要領】	区　分	はさまれ・巻き込まれ

- 体感実施ヤードをカラーコーンで明示する。
- 係留ロープと係船柱の隙間に塩ビ管VU φ50を差し込む。
- 台船を沖側にゆっくり出す。
- 塩ビ管が割れるのを確認する。

【実施上の留意事項・注意点】

- 係留ロープは補助ロープを持って扱う。
- つぶすものは水を入れたペッドボトルなどでも良い。

【使用資機材】

台船、押し船、係留ロープ、係船柱、塩ビ管VU φ50のL 1000mm（または水を入れたペットボトル）、カラーコーン、コーンバー、コーンウェイト

【期待できる効果】

- はさまれる力を実感できる。
- 補助ロープを持って扱う重要さを実感できる。

【概略図・写真】

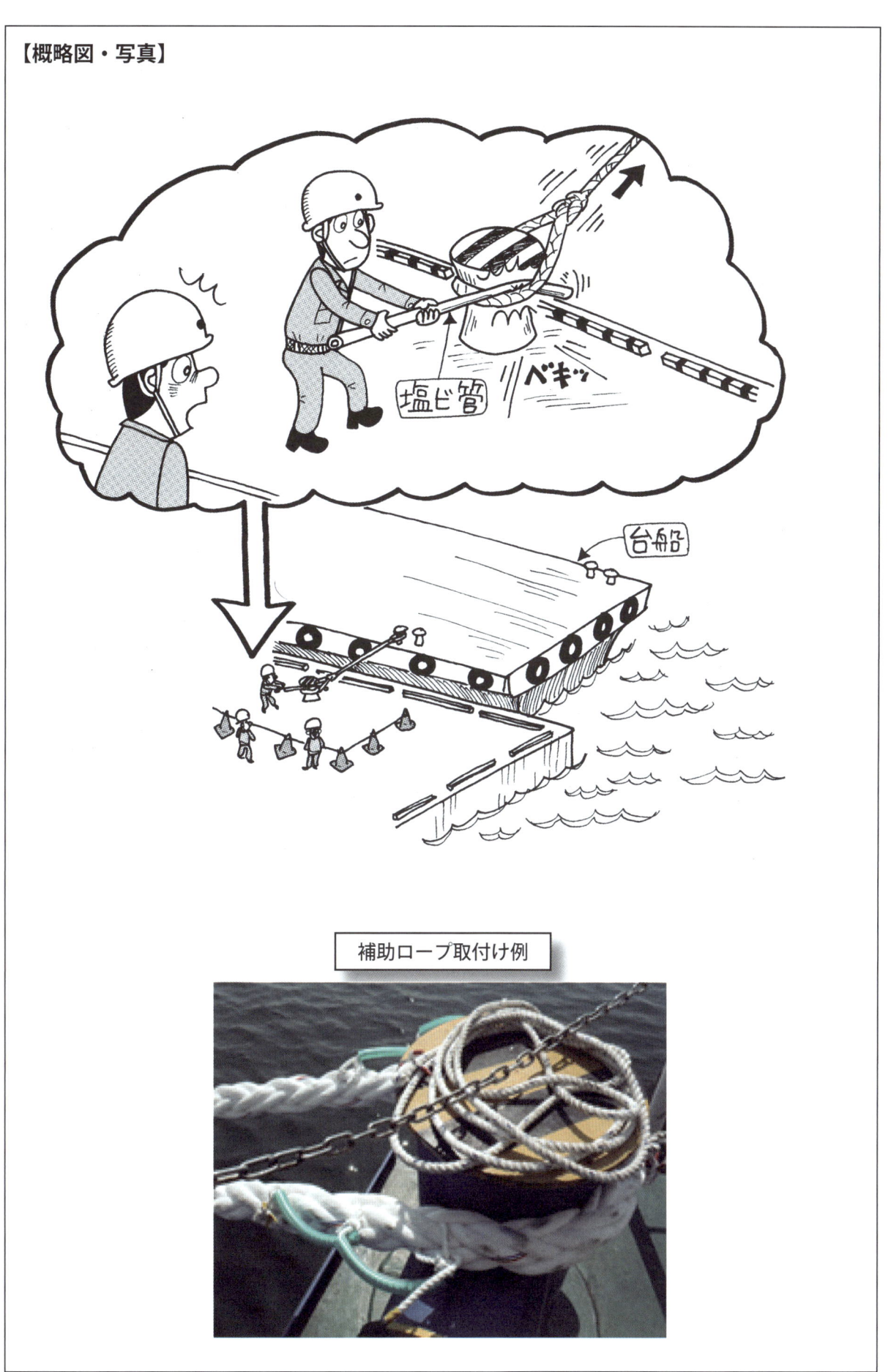

補助ロープ取付け例

| 番号 | 13 | 名称 | 玉掛けワイヤ・H鋼等によるはさまれ衝撃 |

【実施要領】

区分：はさまれ・巻き込まれ

- 飛散防止のため体感場所にはカラーコーン等の防護柵等で区画をする。
- 吊り荷の重量、玉掛けの基本事項、クレーンのオペレータと合図の確認を行う。
- 玉掛けは有資格者が実施する。
- クレーンを稼動し、クレーンオペレータと合図を行い、停止までの時間を計る。
- 吊り荷に玉掛けワイヤを掛けて、指等に見立てた青竹等（または塩ビ管φ25mm程度等）をはさみ、巻上げ・巻下げを行い、青竹等の状況を観察する。
- H鋼をクレーンで吊り上げ、隙間に手足に見立てた青竹等を置き、クレーンの巻上げ・巻下げを行い、その衝撃を体感する。
- H鋼の上に乗って作業をしないことを確認する。

【実施上の留意事項・注意点】

- 飛散防止のため、体感場所にはカラーコーン等の防護柵等で区画し、体感者には防護めがねを着用させる。
- H鋼材は、端部を持つこと。
- 玉掛けワイヤは巻上げ・巻下げ時はワイヤに直接手を触れない。
- 玉掛けは有資格者が行う。
- 緊急時の体験者の退避方法を確認する。
- 合図者とクレーンオペレータの合図で、巻上げ機械はすぐには停止しないことを説明する。

【使用資機材】

移動式クレーン、ホイッスル等のクレーン機能を有する機械、
玉掛けワイヤ、青竹等（または塩ビ管φ25mm程度等）、
保護めがね、カラーコーン

【期待できる効果】

- 玉掛けワイヤ、H鋼によるはさまれの力を体感し、指等のはさまれを抑止する。
- 吊り荷の玉掛けワイヤには手は触れないことと、合図の重要性を確認させる。

【概略図・写真】

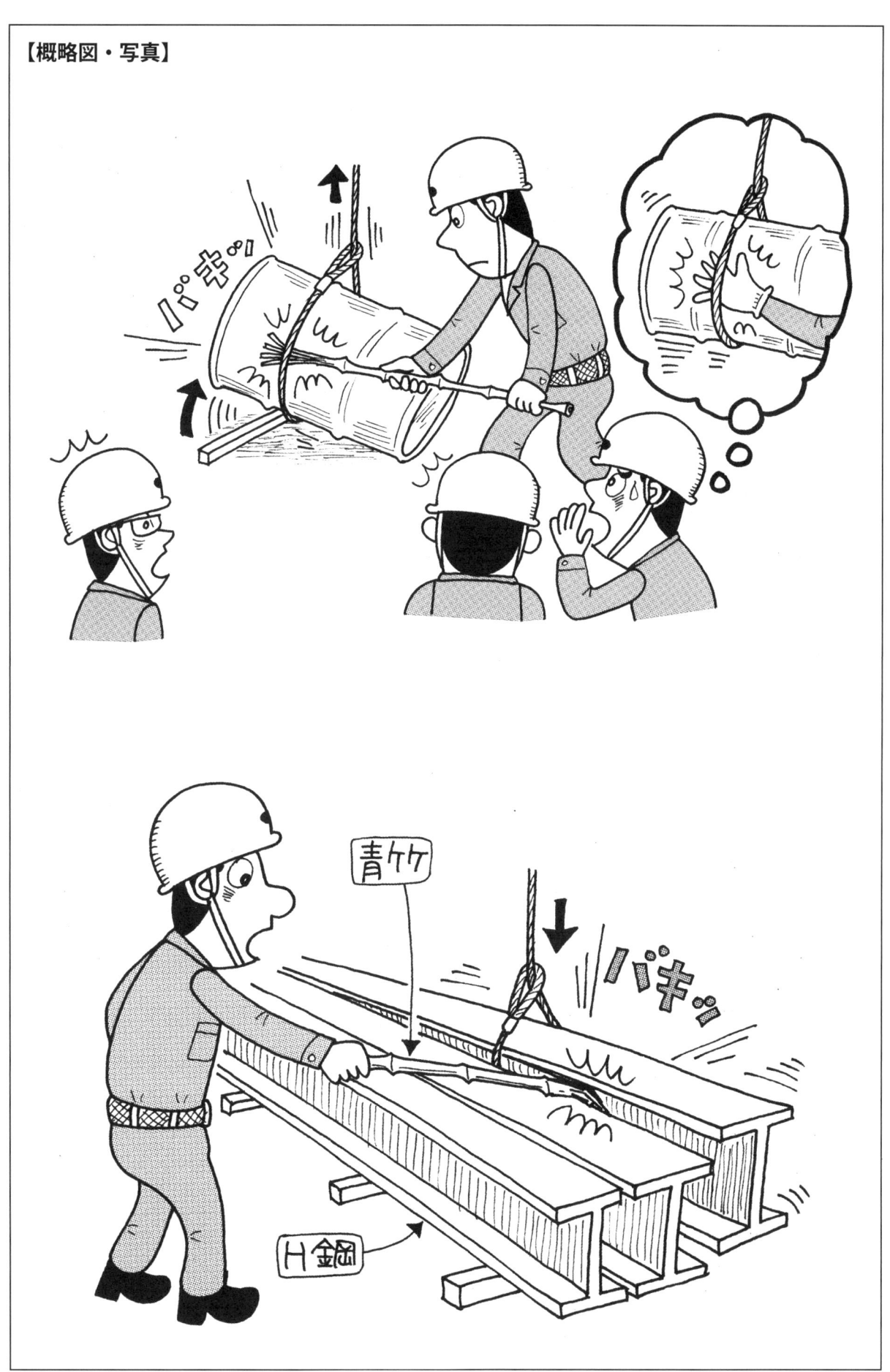

| 番号 | 14 | 名 称 | バックホウの旋回による人との接触 |

【実施要領】

区 分　激突され

① 作業所長は体感教育の内容と手順の周知会を開催する。
② 体感者を含め、関係者全員でＫＹ活動を行う。
③ オペレータは作業開始前の重機の点検を行う。
④ 作業所長は教育の場所への関係者以外の立入禁止措置を行う。
⑤ オペレータは重機を所定の場所に設置する。
⑥ 作業所職員は、擬人化物を重機旋回半径内に置く。
⑦ オペレータは重機旋回半径内に擬人化物以外の支障物がないことを確認する。
⑧ オペレータ以外は、重機旋回半径外、および擬人化物の転倒・飛散範囲外に退出する。
⑨ オペレータは周囲の安全を確認の上、合図者の指示により重機を旋回させる。
⑩ 体感者は、重機に激突された擬人化物の状態を確認する。
⑪ 擬人化物の置く位置を変えるか、重機の向きを変えて激突の状況を確認する。
⑫ 作業所長は関係者を集め、体感教育の感想会を開催し、教育効果を確認する。

【実施上の留意事項・注意点】

① 各職員、作業員の役割分担を決める。
② 重機と体感者や作業員との接触事故に注意する。
　※立入禁止区域の設定では、重機の旋回範囲、擬人化物の転倒・飛散方向を考慮する。
③ 擬人化物の飛散が予想される方向には誰も立ち入らせない。
④ 擬人化物の大きさ、重量は人間程度を基準にして決める。
⑤ 旋回スピードは、通常作業の程度とする。
⑥ 教育記録（出席者名簿、写真など）をとる。

【使用資機材】

バックホウ、人に見立てたもの（擬人化物：ドラム缶など）、
カラーコーン、コーンバー、
巻尺等スケール

【期待できる効果】

・バックホウの旋回範囲に入ることの危険性を体感できる。

【概略図・写真】

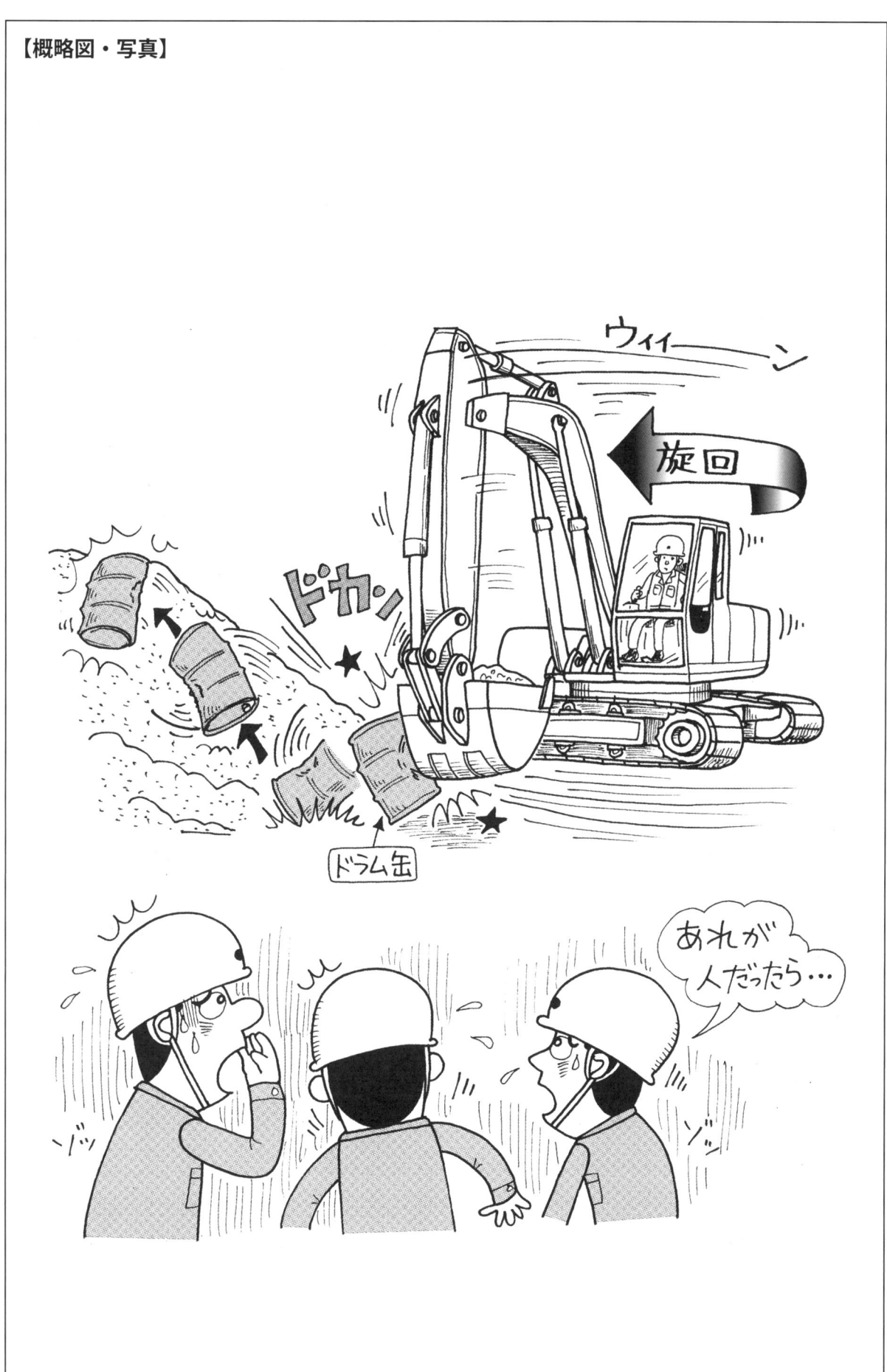

番号	15	名称	バックホウのクレーンモード・通常モードの旋回速度の違い

【実施要領】	区分	激突され

① 作業所長は体感教育の内容と手順の周知会を開催する。
② 体感者を含め、関係者全員でＫＹ活動を行う。
③ オペレータ、作業員は作業開始前の重機および玉掛け用具の点検を行う。
④ 作業所長は教育の場所への関係者以外の立入禁止措置を行う。
⑤ オペレータは重機を所定の場所に設置する。
⑥ 作業員は吊り荷の玉掛けをする。
⑦ オペレータ以外は重機旋回半径外に退出する。
⑧ オペレータは周囲の安全を確認の上、合図者の指示により重機を旋回させる。
⑨ 事例１では、上記⑧を通常モードとクレーンモードで行う（切り替えを確認する）。
⑩ 旋回範囲は360°など一定にし、できれば時間測定等で明確な比較ができるようにする。
⑪ 体感者は、事例１でモードの違いを、事例２で重機の種類による旋回速度の差を確認する。
⑫ 作業所長は関係者を集め、体感教育の感想会を開催し、教育効果を確認する。

【実施上の留意事項・注意点】

① 各職員、作業員の役割分担を決める。
② 実施前に重機の作業方法、転倒防止方法、作業員の配置・指揮系統等を計画しておく。
③ 重機、吊り荷と体感者や作業員との接触事故に注意する。
　※立入禁止区域の設定では、重機の旋回範囲、吊り荷の振れ・飛来落下範囲を考慮する。
④ 有資格者による玉掛け作業を行う。
⑤ 吊り荷の例
　※クレーンモードではトンパックに土砂を入れたものとし、通常モードではバケットに土砂を入れたものとして、重量を同程度とする。
⑥ 教育記録（出席者名簿、写真など）をとる。

【使用資機材】

クレーン仕様バックホウ、クローラクレーン、玉掛けワイヤ、トンパック、
吊り荷（土砂、ホッパーなど）、ストップウォッチ

【期待できる効果】

- （事例１）バックホウの通常モードの方が、クレーンモードより速いことを体感できる。
- （事例２）バックホウの方が、クレーンより旋回が速いことを体感できる。

【概略図・写真】

事例1
- バックホウの通常モードとクレーンモードの旋回速度の違いを確認する。
- 2台の場合はモードを変えた重機を並べて同時に旋回させる。
- 1台の場合は、モードを切り替えた時の各時間を測定すると比較しやすい。

事例2
- クレーンとバックホウの『重機の種類による』旋回速度の違いを確認する。

番号	16	名称	ワイヤロープ内角に入った際の跳ね飛ばされ

【実施要領】　区分　激突され

- 体感実施ヤードをカラーコーンで明示する。
- 水を入れたドラム缶を内角になる予定個所へ置く。
- 台船の係留ワイヤロープをアンカーにつなぐ。
- 係留ワイヤロープに内角ができるようになまし鉄線で引っ張る。
- 台船を曳き、係留ワイヤロープを跳ねさせる。
- ドラム缶を回収する。

【実施上の留意事項・注意点】

- ドラム缶＋水50Lで約75kgとなり、ほぼ人間と同じくらいの重さになる。
- ドラム缶には海中に落下しても回収しやすいようにロープをつないでおく。
- なまし鉄線が切れるか事前にテストするとよい。
- 係留ワイヤロープの内角側には絶対立ち入らない。
- ドラム缶の跳ねる方向には絶対立ち入らない。

【使用資機材】

台船、曳舟、係留ワイヤロープ、ドラム缶（水を50L入れる）、ドラム缶回収ロープ、なまし鉄線、カラーコーン、コーンウェイト、コーンバー

【期待できる効果】

- 係留ワイヤロープの跳ねる威力を体感できる。

【概略図・写真】

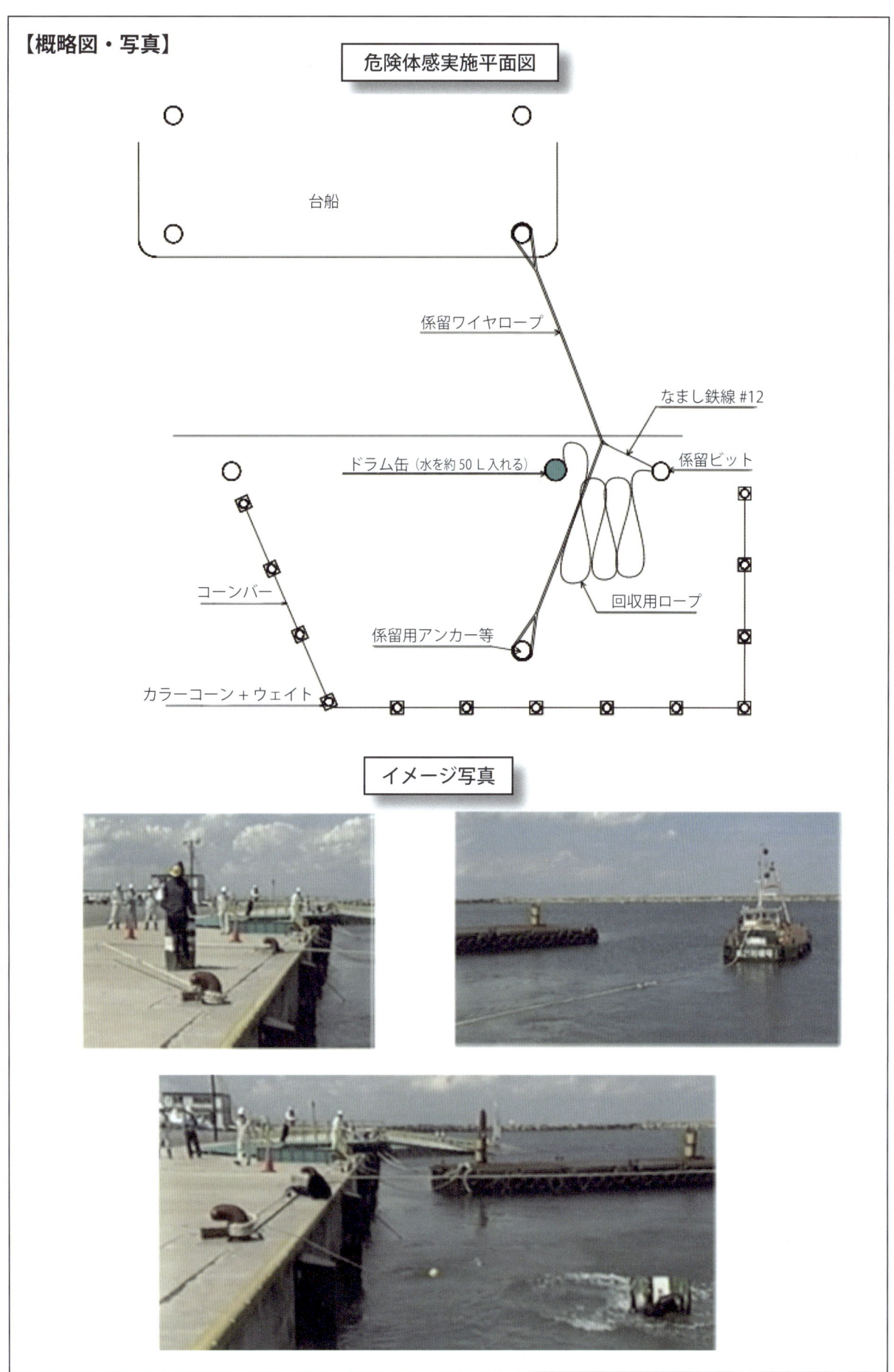

| 番号 | 17 | 名称 | **ユニック旋回方向による安定度変動の体感** |

【実施要領】

| 区 分 | （機械による）はさまれ・巻き込まれ |

手順１．平坦な場所に積載型トラッククレーンを設置し、作業旋回を考慮して立入禁止措置を行う。

手順２．荷台に用意された揚重物に玉掛けし、地切りし揚重物の安定を確認したら、全員立入範囲外に退避する。

手順３．90度旋回しアウトリガー近くで一旦地面に下ろす。再度地切りし、地面より30cmの高さまで揚げる。

手順４．揚重物の高さを地面より30cmに保ちながらブームをゆっくり伸ばしていく。

※　手順４の段階で反対側のアウトリガーの状態、車体の状態を観察する。

【実施上の留意事項・注意点】

- クレーンの能力を確認し、揚重物・伸ばすブームの長さを予め決めてそれ以上の操作をしない。
　使用するクレーンの『作業半径－揚程図』と『定格総荷重表』から同じブーム角度で最大限伸ばしたときの定格荷重を調べ、吊る物の荷重を決める。
- 必ずラジコン仕様のクレーンを使う。
- 玉掛け作業以外には立入禁止措置の中に入らない。
- 前方領域には旋回させない。
- 手順３からは、ブームの伸縮とフックの巻上げ・巻下げ操作以外の旋回・起伏操作はしない。
- 手順３、４での吊る高さは、地面から30cm程度になるように、調整することとする。

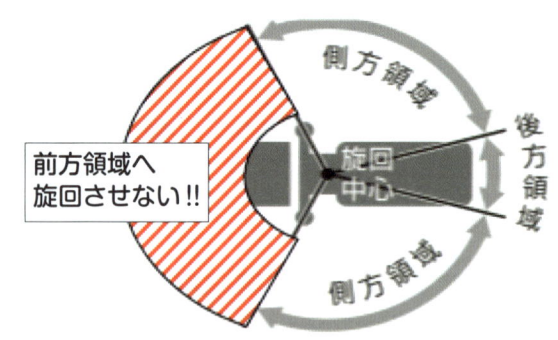

【使用資機材】

- ラジコン仕様４ｔ積載型トラッククレーン
- φ12mm玉掛けワイヤ４本（２本）、シャックル等吊り具、介錯ロープ
- 立入禁止措置用資材（カラーコーン・コーンバーもしくはバリケード等）

【期待できる効果】

- 積載型トラッククレーンの定格荷重のリミットいっぱいでどのような挙動をするか見ることにより、安定した状態での車体・アウトリガーとの比較ができる。

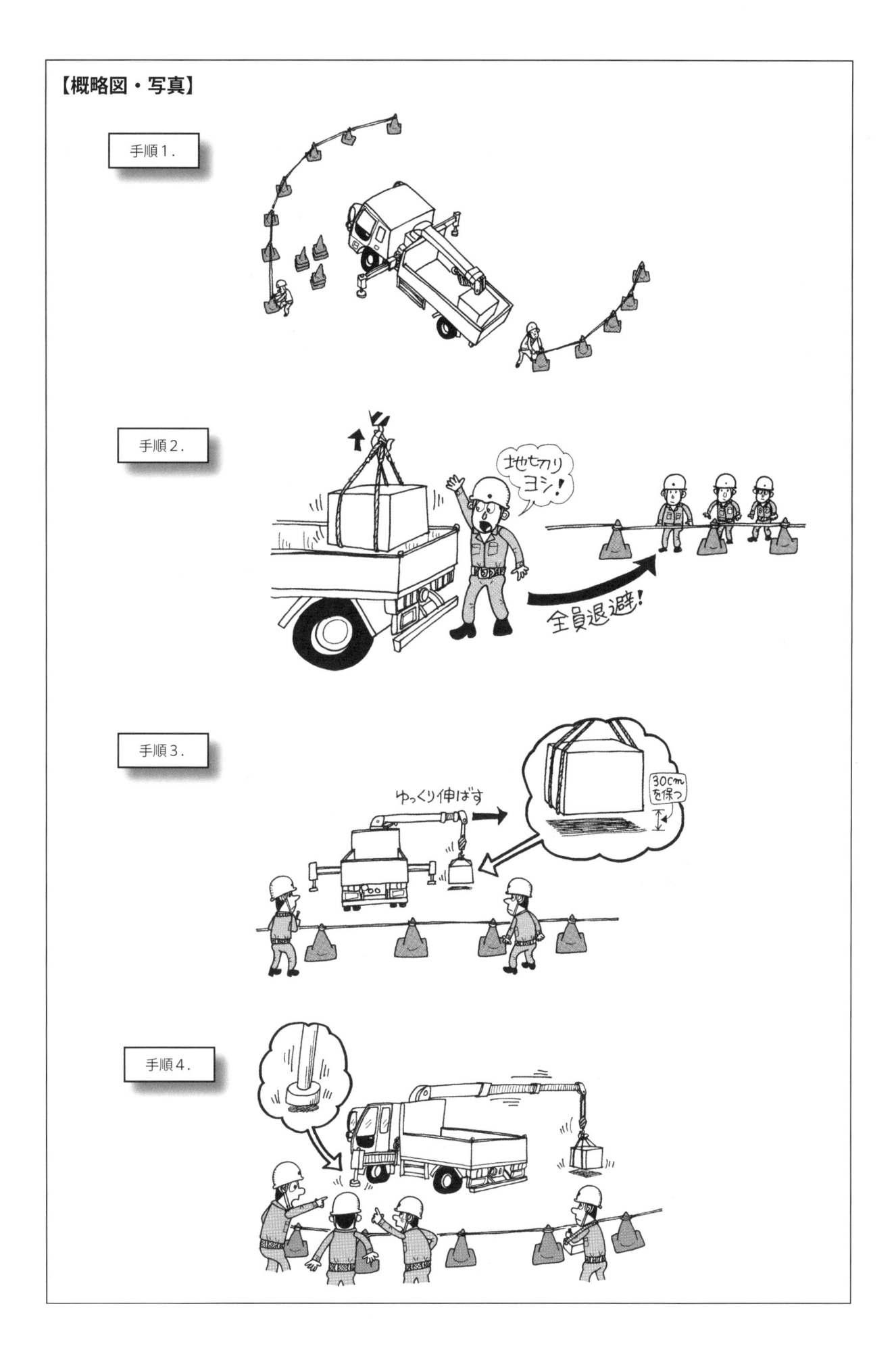

【概略図・写真】

手順1.

手順2. 地切りヨシ！ 全員退避！

手順3. ゆっくり伸ばす / 30cmを保つ

手順4.

番号	18	名称	玉掛けワイヤの切断体感

【実施要領】	区分	飛来落下

① ウエイト（5 t）を吊り上げできる位置をクレーンの定格総荷重表で確認する。
② クレーンを設置する（アウトリガー全周張出し）。周囲を立入禁止区画表示する。
③ ウエイトは安定して吊り上げできるよう4点吊りを原則に準備する。
④ ウエイトに試験体玉掛けワイヤをシャックルを使って連結してクレーンフックに掛ける。
⑤ クレーンでゆっくり巻き上げる。※クレーンオペレータはコンピューターで荷重を確認。
⑥ ウエイトの巻上げは、切断時飛散しないようゆっくり行う（空中に吊り上げない）。
　※ウエイトを吊り上げてしまうと、切断時に落下するため非常に危険である。
　※ワイヤが切れるまで、絶対に立ち入らない（ウエイト芯から半径10 m程度）。
⑦ 試験体玉掛けワイヤが切れてフックが静止したら巻き上げ、ウエイトの玉掛けを外す。
⑧ ワイヤの切断位置、形状を目視で確認する。
　※手順は試験体❷のキンクした玉掛けワイヤも同様とする。
　　（確実に切れるワイヤを選定する：キンクの状態やワイヤ径を注意する）

【実施上の留意事項・注意点】

- ウエイトを吊り上げてからの切断は、ウエイトが落下するため危険である。
- ウエイトの重量設定は試験体玉掛けワイヤで吊り上げられない重量とする。
- ワイヤ切断時の衝撃が大きいため、吊り上げ能力に十分余裕がある機種を設定する。
- 吊り上げ時のブーム長さは極力短く行う（メインブームを使用）。
- 吊り上げてからの切断・落下は非常に危険なので、試験体玉掛けワイヤは確実に切断する径を選定する（φ6mmの切断荷重は約1.8 t：玉掛けワイヤ荷重表から算定）。
- クレーンの巻上げは、切断荷重の500kg前からはゆっくりと慎重に負荷をかける。
- 吊り上げ開始からワイヤ切断後フックが静止するまで、立入禁止区画に立入らない。
　※クレーンの作業範囲の立入禁止表示、区画を徹底する。クレーン業者と事前に打ち合わせ実施。

【使用資機材】※5 t（3 t + 2 t）と仮定して

移動式クレーン等（ウエイトから設定）、ウエイト（仮定3 t + 2 t：事前に玉掛け荷重表より検証）
試験体玉掛けワイヤ❶（圧縮止め：アイ部分は12φ、一般部分＝切断予定部6φの加工品でL＝1.0程度）
試験体玉掛けワイヤ❷（キンクした不良な玉掛けワイヤL＝1.0〜2.0程度）
ウエイト玉掛け用ワイヤ（大きさに合わせて設定：写真はL＝1.5 m 4本）、シャックル（5 t用）
※クレーン等の検査用ウエイトを推奨（荷重確認済・安定性・吊り位置が固定）
立入禁止標識（カラーコーン、コーンバー）

【期待できる効果】

- 玉掛けワイヤの切断状況を実感できる。
- 適正でない玉掛けワイヤの危険を実感できる。

【概略図・写真】

● ウエイトはクレーン等の検査用が推奨（写真は３ｔ＋２ｔ）

● クレーンの作業範囲、定格荷重を確認する。

試験体玉掛けワイヤ❶

● 切断予定部はφ６mm、アイの部分はφ12mm

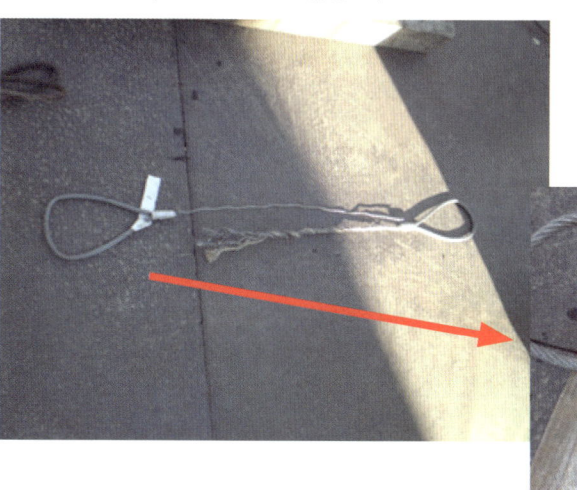

試験体玉掛けワイヤ❷

● 大きくキンクしたワイヤで同様に吊り上げ

| 番号 | 19 | 名称 | 引火の危険性および消火器での消火 |

| 【実施要領】 | 区分 | 火災 |

【コンパネ等の火災】
① コンパネ残材を積み重ね、着火する。
② ある程度燃焼した時点で、消火器にて初期消火する（距離は３ｍ程度離れる）。
③ 消火方法は上の方からではなく、風上で地面に近い横から噴射する。
④ 消えない場合が多いので、用意しておいた水道ホースで、地面に近い横から水をかける。
⑤ 注水等の冷却により、燃焼温度を奪って消火する（冷却作用）。

【ペンキ・シンナー等揮発性の火災】
① シンナー缶（少量）、オイルペイント缶、錆び止め塗装缶を並べて着火する。
② 延焼の仕方、時間等を確認する。
③ 消火器にて、順次消火する（距離は３ｍ程度離れる）。
④ 防炎シートで覆って、酸素を遮断する。

【実施上の留意事項・注意点】

① 着火時、発火場所をよく見て、十分離れる。
② 火傷しないよう、発火地点からの距離をとる。
③ 完全に鎮火を確認できるまで、消火する（木・紙類は散水する）。
④ 木・紙類（Ａ）と、油（Ｂ）火災で、消火器の種類が違うので、使用前に確認する。
■消火器使用の消火行動は初期消火のみで火が廻った場合は水道消火が有効。
■消防署への連絡を行っておく。大規模訓練では、消防署に指導を依頼する。

【使用資機材】

① 消火器（Ａ火災用、普通火災：紙、木、繊維、樹脂等）
　　　　　（Ｂ火災用、油火災：油、ガソリン等）　※Ｃ火災用、電気火災
② 防炎シート、水バケツ（紙・木・繊維等の火災のみに使用）
③ ペンキ缶（シンナー少量・オイルペイント・錆止め等）
④ コンパネ、ウレタンフォーム等、延焼しやすい材料
⑤ ライター、防炎手袋、保安帽、シールド面

【期待できる効果】

① シンナー等の塗装材料の発火状況・延焼能力を確認できる。
② 消火器で消火できる火力の程度・範囲が実感できる。

【概略図・写真】

消火器による消火訓練

※実際の炎は消火できる規模にするよう注意すること

3mほど離れる

ペンキ等現場にある燃えやすい材料での消火訓練

型枠　塗料　燃料　断熱材

紙　プラスチック

防炎シート

41

| 番号 | 20 | 名称 | 安全靴の有効性能 |

【実施要領】

区分　保護具の性能確認

◎準備作業
- 安全靴の先端部（鉄芯がある部分）と靴底を残して、他の部分を切り取る。
- 粘土を棒状にしたものを先端部（鉄芯の下）に入れ込む。
- 10kgの軽量ブロックを70cmの高さから落とす（20kgの物体を36cmの高さから落とす）。
- 安全靴の中の粘土の変形具合を見る（つま先と靴底の隙間の変化を見る）。

【実施上の留意事項・注意点】

- 重量および落下高さを正確に把握し設定する。（以下参考重量）
  - ❶ 建築用空洞ブロック（390mm × 190mm × 100mm）10.3kg
  - ❷ 角パイプ（60mm × 60mm（外径サイズ）× 2.3mm（肉厚）× L = 2.5 m）10.15kg
  - ❸ 単管パイプ（φ48.6mm × L = 3.5 m）9.56kg
  - ❹ パイプサポート40型（4尺、1955mm × 1205mm　※メーカーにより差異あり）9.2kg
- 〔メーカー連絡先〕株式会社シモン 東京支店（TEL 03-5695-8181）
  - ◇　出張体感会も実施可能
  - ◇　体感型展示会（株式会社シモン 本社）
      安全靴の知識を深める試験機、JIS規格の安全性能の知識を深める試験機、その他

【使用資機材】

- 安全靴 1足
- 落下用の資材

【期待できる効果】

- 日頃扱っている資材がつま先に落ちた場合にどれだけ耐えられるか、あるいは耐えられないかがわかる。

【概略図・写真】

準 備

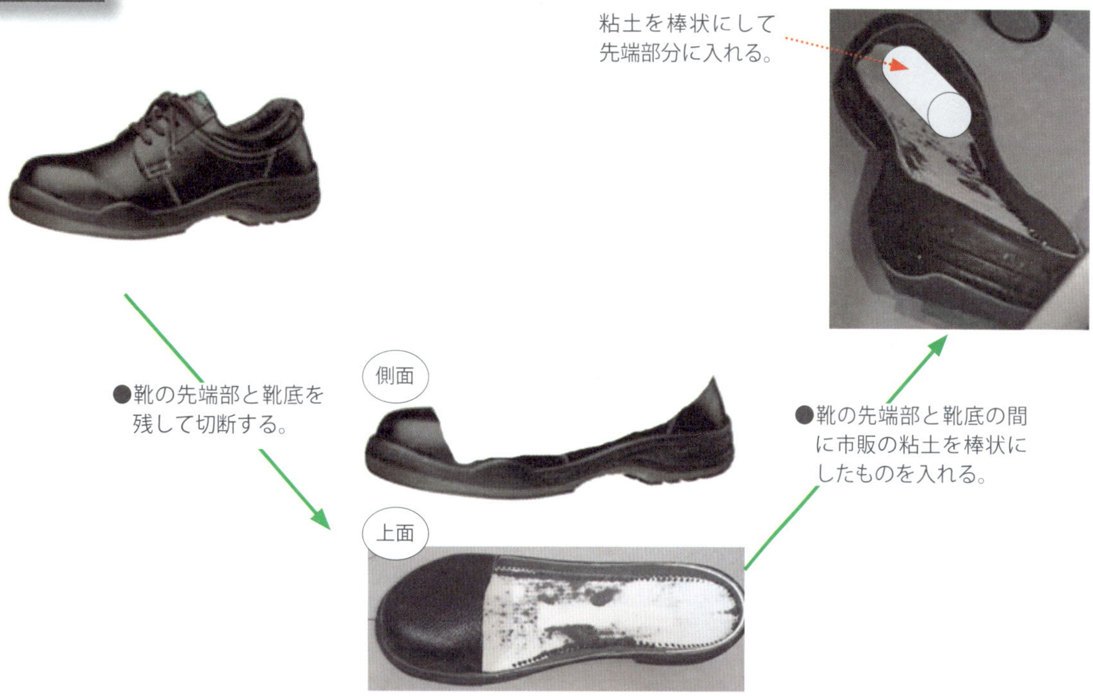

- 靴の先端部と靴底を残して切断する。
- 靴の先端部と靴底の間に市販の粘土を棒状にしたものを入れる。
- 粘土を棒状にして先端部分に入れる。

側面

上面

検 証

- 10kgのものを70cm落下させ先端部に入れた粘土の変形の度合いを見る

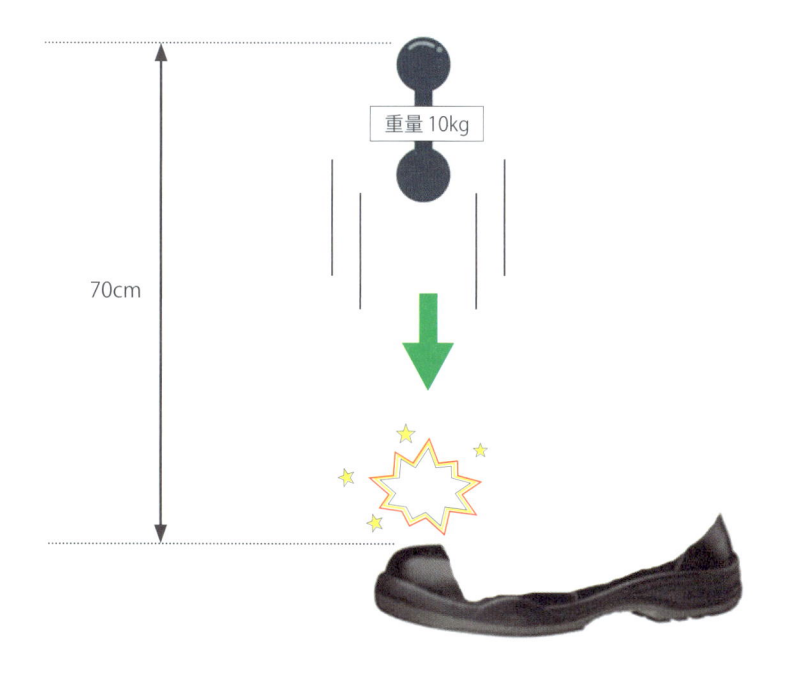

重量10kg

70cm

番号	21	名称	安全靴の踏み抜き、かかと部・先芯への衝撃体感

【実施要領】　　区分　保護具の性能確認

- 屋内もしくは屋外であれば、平坦な足元を確保する（敷鉄板敷き、舗装等）。
- 100Ｖの電源を用意する。
- 体感試験機、体感デモ機をセットする。

　【耐踏み抜き体感試験機】
　　試験機用に用意した靴底を上部にセットし、体感試験機下部のペダルをゆっくり踏みつけることで、靴底を釘が貫通する瞬間を目視で確認する。
　　メーカーが用意する、踏抜き防止板を装着して再度ペダルを踏みつけ、その効果を体感する。

　【先芯耐衝撃性能体感デモ機】
　　固定した先芯に、所定の木製ハンマーをスライドエンドまで上げてから叩き、その時のエネルギーを数値と先芯への損傷（変形）で体感する。

　【かかと部衝撃吸収性体感デモ機】
　　用意された安全靴の靴底を木製ハンマーで叩き、靴底の硬さと衝撃力を数値で体感する。

【実施上の留意事項・注意点】

- 体感試験機、体感デモ機および木製ハンマー、サンプルはメーカーが用意する。
- 体感試験の実施要領は事前に打合せする。
- 屋内もしくは屋外であれば、平坦な足元を確保する（敷鉄板敷き、舗装等）。
- 100Ｖの電源を用意する。

【メーカー連絡先】ミドリ安全㈱建設支店　03-5295-1811

【使用資機材】すべて体感試験機、デモ機はミドリ安全㈱設計・製作・所有

① 踏み抜き体感試験機：①－1　試験用サンプル（効果確認用に踏み抜き防止板）
② かかと部衝撃吸収性体感デモ機：②－1　木製ハンマー、サンプル３種（付属）
③ 先芯耐衝撃性体感デモ機：③－1　付属サンプル先芯
- 平坦な地盤（屋内、屋外であれば敷鉄板・舗装面が推奨）
- 100Ｖ電源
- テーブル（かかと部衝撃吸収・先芯耐衝撃性体感デモ機据え置き用）75cm×180cm程度１台

【期待できる効果】

- 釘を踏み抜く体感ができることで防止板の効果が体感できる。
- 木製ハンマーで叩きその衝撃が数値表示され、また靴ごとの比較ができる。

【概略図・写真】

踏み抜き体感試験機

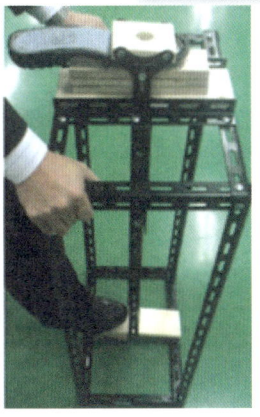

先芯耐衝撃性能体感デモ機、かかと部衝撃吸収性体感デモ機

先芯耐衝撃性能体感デモ機
先芯の強さを体感できる
ハンマーの長さ　14.5cm
デモ時のハンマー下部と先芯の距離 29cm

かかと部衝撃吸収体感デモ機　2ヵ所
叩いてかかとの硬さを体感し、合わせて衝撃力を表示
ハンマーの長さ　13cm
デモ時のハンマー下部と先芯の距離 21cm

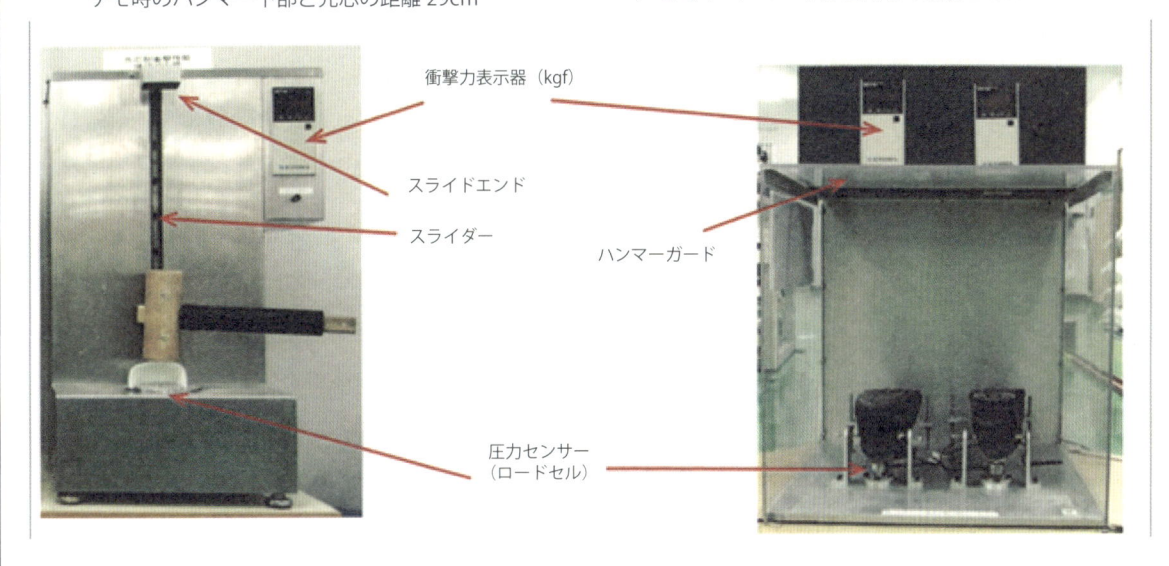

衝撃力表示器（kgf）
スライドエンド
スライダー
ハンマーガード
圧力センサー（ロードセル）

| 番号 | 22 | 名 称 | 保護帽の重要性の確認 |

| 【実施要領】 | 区 分 | 保護具の性能確認 |

- パターン①
  植木鉢を頭と想定し1mより単独で落とす（植木鉢が割れる）
- パターン②
  植木鉢にヘルメットを装着し1mより単独で落とす（植木鉢は割れない）

【実施上の留意事項・注意点】

1．植木鉢が割れると破片が飛ぶので、予めビニール袋に入れ飛散防止処置をする。
2．植木鉢6号を使用する（7号、5号サイズ有）。
※参考データ
　鉢6号、重量1155g（上径約18cm　下径約12cm　高さ約15cm）
　頭の重量は通常体重の12％前後、体重60kgの場合約7.2kgで鉢重量の約6倍

【使用資機材】

1．植木鉢6号　2個
2．ビニール袋（植木鉢を入れる分）
3．ヘルメット（教育専用）
4．スタッフもしくはスケール（1m表示用）

【期待できる効果】

- ヘルメットが頭を保護している重要性を認識できる。

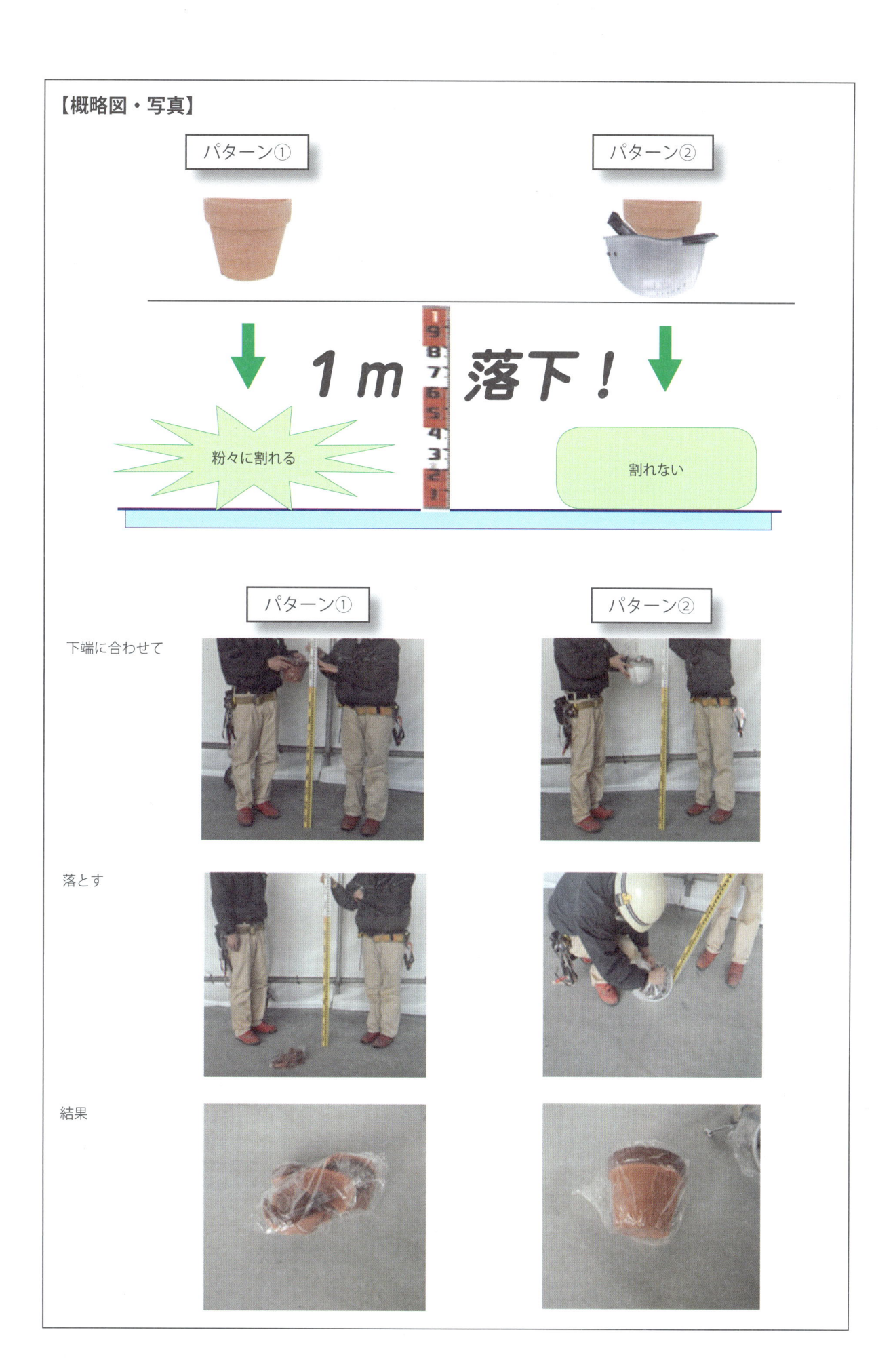

【概略図・写真】

パターン①	パターン②

↓ **1m 落下！** ↓

- パターン①：粉々に割れる
- パターン②：割れない

	パターン①	パターン②
下端に合わせて		
落とす		
結果		

建設労務安全研究会
教育委員会　危険体感教育部会　会員名簿

教育委員長	諏訪　嘉彦	東急建設㈱
部会長	鳴重　裕	東亜建設工業㈱
部会員	遠藤　典之	三井住友建設㈱
	緑川　哲生	㈱淺沼組
	小倉　健治	大和小田急建設㈱
	福岡　周一郎	鉄建建設㈱
	大坪　久	西松建設㈱
	木村　司	日本国土開発㈱
	久高　公夫	㈱フジタ

※　本事例集は、危険体感教育訓練を行うための標準的な事例を示しています。実際に訓練を計画・実施する際は、個々の状況に応じて安全を確保したうえで実施してください。
　なお、本事例に類する教育訓練中の災害・事故への責任は負いかねますので、ご了承ください。

建設現場でできる危険体感教育
―危険性を身近に感じとるために―

平成27年6月25日　　　初版
平成30年2月15日　　　初版4刷

編　者　建設労務安全研究会

発行所　株式会社労働新聞社
　　　　〒173-0022 東京都板橋区仲町29-9
　　　　TEL：03（3956）3151　FAX：03（3956）1611
　　　　http://www.rodo.co.jp　　pub@rodo.co.jp

表紙　デザイン　江森　恵子（株式会社クリエイティブ・コンセプト）
　　　イラスト　玉田　仁志（タマプロ）

印　刷　株式会社ビーワイエス

乱丁本・落丁本はお取替えいたします。
本書の一部あるいは全部について著作者から文書による承諾を得ずにいかなる方法においても無断で転載・複写・複製することは固く禁じられています。

ISBN978-4-89761-567-7